Mourad Naffouti
Hamed Marzougui

Evaluation de modèles au premier ordre en turbulence compressible

Mourad Naffouti
Hamed Marzougui

Evaluation de modèles au premier ordre en turbulence compressible

Initiation à la turbulence compressible

Presses Académiques Francophones

Impressum / Mentions légales

Bibliografische Information der Deutschen Nationalbibliothek: Die Deutsche Nationalbibliothek verzeichnet diese Publikation in der Deutschen Nationalbibliografie; detaillierte bibliografische Daten sind im Internet über http://dnb.d-nb.de abrufbar.

Information bibliographique publiée par la Deutsche Nationalbibliothek: La Deutsche Nationalbibliothek inscrit cette publication à la Deutsche Nationalbibliografie; des données bibliographiques détaillées sont disponibles sur internet à l'adresse http://dnb.d-nb.de.

Coverbild / Photo de couverture: www.ingimage.com

Verlag / Editeur:
Presses Académiques Francophones
ist ein Imprint der / est une marque déposée de
OmniScriptum GmbH & Co. KG
Heinrich-Böcking-Str. 6-8, 66121 Saarbrücken, Deutschland / Allemagne
Email: info@presses-academiques.com

Herstellung: siehe letzte Seite /
Impression: voir la dernière page
ISBN: 978-3-8416-3358-3

MOURAD NAFFOUTI

Evaluation de modèles au premier ordre
en turbulence compressible

REMERCIMENTS

L'étude présentée dans ce mémoire a été menée au sein du Laboratoire de Mécanique des Fluides du département de Physique de la Faculté des Sciences de Tunis, sous la responsabilité scientifique de Monsieur le Professeur **Taieb Lili** à qui j'exprime ma profonde reconnaissance. Pour sa disponibilité et son indulgence et ses précieux conseils lucides et qu'il a bien voulu me prodiguer en vue de réaliser ce travail.

Je tiens à exprimer mes sincères remerciements à Monsieur **Hamed Marzougui**, Maître assistant à l'institut Préparatoire aux Etudes d'Ingénieurs de Nabeul, qui a orienté mon travail vers la clairvoyance et pour ses instructions judicieuses et pertinentes qui n'a cessé de me fournir.

C'est avec un grand plaisir que j'adresse mes remerciements à Monsieur **Rejeb Ben MAAd**, professeur à la Faculté de Sciences de Tunis, pour l'honneur qu'il m'a donné d'être président de jury de mon DEA.

Je tiens également, à remercier Monsieur **Afif Gafsi**, Maître de conférences à la Faculté des Sciences de Tunis, pour avoir participer au jury.

Je ne saurais terminer sans adresser mes vives reconnaissances à tous les membres de notre Laboratoire et à tous ceux qui ont contribué à l'aboutissement de ce travail.

Enfin, je remercie du fond de mon coeur tous mes amis et toute ma famille de la joie, de la confiance et du soutien moral qu'ils ont apportés à mon travail.

1

TABLE DES MATIERES

NOMENCLATURE

C : vitesse du son, $C = \sqrt{\gamma R T}$

C_p : Chaleur spécifique à pression constante

C_v : Chaleur spécifique à volume constant

γ : Rapport des chaleurs spécifiques, $\gamma = \dfrac{C_p}{C_v}$

k : Energie cinétique turbulente, $k = \dfrac{1}{2}\widetilde{u_i'' u_i''}$

K : Conductivité thermique

M_t : Nombre de Mach turbulent, $M_t = \dfrac{\sqrt{2k}}{C}$

M_c : Nombre de Mach convectif, $M_c = \dfrac{u_1 - u_2}{C_1 + C_2}$

S : Taux de cisaillement, $S = \dfrac{d\tilde{u}}{dy}$

5

ε : Taux de dissipation total

ε_s : Taux de dissipation solénoïdal

ε_c : Taux de dissipation compressible

μ : Viscosité dynamique

μ_t : Viscosité turbulente

ρ : Masse volumique

R : Constante du gaz parfait

T : Température

p : Pression

t : Temps

St : Temps adimensionnel

U_i : Vitesse instantanée

δ_{ij} : Symbole de Kronecker

P : Terme de production

$\overline{(...)}$: La moyenne de Reynolds

$\widetilde{(...)}$: La moyenne de Favre

η : Coordonnée transversale sans dimension

χ : Coordonnée longitudinale sans dimension

ΔU : Différence entre deux vitesses, $\Delta U = U_1 - U_2$

Y_p : Coordonnée transversale vérifiant $\tilde{U} = U_1 - 0.1\Delta U$

Y_s : Coordonnée transversale vérifiant $\tilde{U} = U_2 + 0.1\Delta U$

Y_0 : $Y_0 = \dfrac{Y_p + Y_s}{2}$

δ : Epaisseur de la couche de mélange

$(...)_{,i}$: Dérivée par rapport à X_i

$(...)'$: Fluctuation au sens de Reynolds

$(...)''$: Fluctuation au sens de Favre

$\dfrac{D}{Dt}$: Opérateur de dérivée convective $\quad \dfrac{D}{Dt}(.) = \dfrac{\partial}{\partial t}(.) + U_j \dfrac{\partial}{\partial X_j}(.)$

7

Introduction générale

Les écoulements turbulents compressibles interviennent dans un grand nombre de processus industriels. On rencontre plus particulièrement ces écoulements dans les domaines de l'aéronautique, des compresseurs, de la combustion, de l'environnement….

Dans le cadre général d'une turbulence compressible, le phénomène de compressibilité a été analysé dans la littérature. Les expériences numériques de Sarkar [1], Erlbacher [2] et Blaisdell et al. [3] ont montré que la réduction du taux de croissance de l'énergie cinétique turbulente et l'élargissement de la couche de mélange est l'effet le mieux admis de la compressibilité. Sur un plan fondamental plusieurs modèles [4, 5, 6, 7] exprimant les effets de la compressibilité ont été développés. Ces modèles sont construits pour la plupart sur la base des connaissances acquises en turbulence incompressible. Dans la littérature, nous trouvons que ces modèles ne peuvent donner qu'une description approchée et ils ne sont pas applicables qu'à une certaine classe d'écoulements. C'est bien dans ce cadre que s'inscrit le présent travail qui a pour objet l'évaluation des modèles exprimant les termes de compressibilité via un modèle $k - \varepsilon$ linéaire dans deux cas d'applications, à savoir, une turbulence homogène cisaillée et une couche de mélange compressible.

8

Autre l'introduction et la conclusion générale, ce mémoire comporte trois chapitres. Dans le premier chapitre, nous avons commencé par présenter les équations générales d'un écoulement turbulent d'un fluide visqueux compressible. L'utilisation de la moyenne statistique de Favre Simplifie de manière significative l'écriture de ces équations. La deuxième partie de ce chapitre est une revue et une synthèse des différentes approches statistiques adoptées pour la prédétermination théorique des écoulements compressibles.

Le second chapitre est consacré à la simulation numérique d'une turbulence homogène cisaillée à l'aide d'un modèle $k - \varepsilon$ linéaire dans lequel nous avons intégré les deux approches de modélisation des effets de la compressibilité sur la turbulence. Ces deux approches sont dues à Sarkar, Zeman et Launder et al.

Enfin, dans le troisième chapitre, nous avons étudié l'évolution spatiale d'une couche de mélange turbulente pour deux cas relatifs à un nombre de Mach convectif $M_c = 0 \, et \, 0.86$. Les résultats obtenus seront comparés à ceux de l'expérience de Goebel et Dutton [8].

Chapitre I :

**Revues bibliographiques sur
les méthodes de fermeture
au premier - ordre**

I. Introduction

Dans ce chapitre nous présentons les équations générales gouvernant les écoulements turbulents compressibles. Les équations relatives aux mouvements moyen et fluctuant sont obtenues en adoptant la formulation statistique de Favre, formulation faisant intervenir dans l'opérateur de moyenne les effets de variation de masse volumique. Cette formulation simplifie considérablement les équations de Navier-Stokes et fournit des équations de bilan formellement analogues à celles en situation de turbulence incompressible. Dans une deuxième partie nous présentons un aperçu sur les modèles de littérature adoptés pour fermer ces équations, l'accent est mis sur les modèles au premier-ordre.

II. Equations de Navier-Stokes

II .1. Equations instantanées

Les équations instantanées gouvernant un écoulement turbulent d'un fluide visqueux compressible sont les équations de continuité, de conservation de quantité de mouvement et de conservation de l'énergie interne. Par rapport à un système de coordonnées cartésiennes, ces équations se présentent comme suit [9]:

$$\frac{\partial \rho}{\partial t} + (\rho u_i)_{,i} = 0 \qquad (I.1)$$

$$\frac{\partial}{\partial t}(\rho u_i) + (\rho u_i u_j)_{,j} = -p_{,i} + \sigma_{ij,j} \qquad (I.2)$$

$$\frac{\partial}{\partial t}(\rho e) + (\rho e u_i)_{,i} = -p u_{i,i} + \varphi - q_{i,i} \qquad (I.3)$$

Les grandeurs figurant dans ces équations sont définies comme suit :

$$\sigma_{ij} = \mu (u_{i,j} + u_{j,i} - \frac{2}{3} u_{k,k} \delta_{ij})$$

$$q_i = -\lambda_c T_{,i}$$

$$\varphi = \sigma_{ij} u_{i,j}$$

A ce stade le système requiert encore la connaissance d'une loi d'état afin de prendre en compte les variations de masse volumique et de pression liées aux variations de température. Nous considérons l'air comme un gaz parfait, la pression s'écrit sous la forme suivante :

$$p = \rho R T = \rho C_v (\gamma - 1) T$$

La constante du gaz parfait R dépend des chaleurs spécifiques par la relation de Mayer:

$$R = C_p - C_v$$

11

II.2. Equations moyennées

En adoptant l'approche statistique de fermeture en un point, les grandeurs turbulentes dans le cas d'un écoulement turbulent compressible à masse volumique variable sont traitées statistiquement par application de la méthode de Favre [10], qui consiste à décomposer chaque variable turbulente φ en une moyenne pondérée par la masse $\tilde{\varphi}$ et une fluctuation φ''. $\tilde{\varphi}$ est obtenue en effectuant le rapport $\dfrac{\overline{\rho\varphi}}{\overline{\rho}}$, qui est appliquée à toutes les variables exceptés les variables thermodynamiques, à savoir, la pression, la masse volumique et la conductivité thermique, qui gardent leurs écritures en variables centrées (moyenne de Reynolds).

En un point M, on définit la moyenne temporelle d'une grandeur φ par :

$$\overline{\varphi}(M,t) = \lim_{T \to \infty} \frac{1}{T} \int_{t-\frac{T}{2}}^{t+\frac{T}{2}} \varphi(M,t)\, dt$$

Remarquons qu'il s'agit en fait d'une moyenne effectuée sur un intervalle de temps grand comparé aux échelles turbulentes. On obtient pour la moyenne de Favre :

$$\tilde{\varphi} = \overline{\varphi} - \overline{\varphi''} \text{ avec } \overline{\varphi''} = \frac{\overline{\rho'\varphi'}}{\overline{\rho}} = -\frac{\overline{\rho'\varphi''}}{\overline{\rho}},$$

et en posant $\tilde{\varphi} = \varphi - \varphi''$, on obtient les égalités suivantes :

$$\overline{\rho\varphi''} = 0 \ , \quad \widetilde{\varphi''} = 0 \text{ et } \overline{\rho\,\varphi''} = -\overline{\rho'\varphi''}$$

Sous cette forme, on voit clairement que la moyenne de Favre permet d'occulter les corrélations faisant intervenir les fluctuations de masse volumique. Cette particularité permet d'ailleurs au formalisme de Favre de garder la forme conservative des équations instantanées.

Cet avantage, nous a encouragé d'utiliser cette approche pour établir les équations du mouvement moyen :

$$\frac{\partial(\bar{\rho})}{\partial t} + (\bar{\rho}\,\tilde{u}_i)_{,i} = 0 \qquad (I.4)$$

$$\frac{\partial}{\partial t}(\bar{\rho}\tilde{u}_i) + (\bar{\rho}\,\tilde{u}_i\tilde{u}_j)_{,j} = -\bar{p}_{,i} + \overline{\sigma}_{ij,j} - (\overline{\bar{\rho}\,u_i''u_j''})_{,j} \qquad (I.5)$$

$$\frac{\partial}{\partial t}(\bar{\rho}\tilde{e}) + (\bar{\rho}\,\tilde{u}_i\tilde{e})_{,i} = -\overline{p'u_i''}_{,i} - \bar{p}\,\tilde{u}_{i,i} - \overline{pu_i''}_{,i} - (\overline{\bar{\rho}u_i''e'})_{,i}$$
$$+ \overline{(\lambda_c T_{,i})}_{,i} + \overline{\varphi} \qquad (I.6)$$

$$\bar{p} = \bar{\rho}\,R\,\tilde{T}$$

Notons que pour les écoulements libres et à grand nombre de Reynolds, les termes de diffusion moléculaires sont dominés par les termes de transport turbulents, ce fait à permis d'approcher $\overline{\sigma}_{ij}$ et $\overline{\sigma_{ij}u_{i,j}}$ comme suit :

$$\overline{\sigma}_{ij} = \tilde{\sigma}_{ij} = \bar{\mu}(\tilde{u}_{i,j} + \tilde{u}_{j,i} - \frac{2}{3}\tilde{u}_{k,k}\,\delta_{ij})$$

$$\overline{\sigma_{ij}''u_{i,j}''} = \bar{\rho}\,\varepsilon$$

II .3. Equations du mouvement fluctuant

Les équations aux fluctuations sont obtenues en faisant la différence membre à membre des équations instantanées et des équations moyennes.

$$\frac{\partial}{\partial t}(\rho') + (\rho\,u_i'' + \rho'\,\tilde{u}_i)_{,i} = 0 \qquad (I.7)$$

13

$$\frac{\partial}{\partial t}(\rho u_i'' + \rho' \widetilde{u}_i) = -p_{,i}' + (\sigma_{ij} - \widetilde{\sigma}_{ij})_{,j} + (\overline{\rho u_i'' u_j''} - \rho u_i'' u_j'')$$

$$-(\rho u_i'' \widetilde{u}_j + \rho u_j'' \widetilde{u}_i + \rho' \widetilde{u}_i \widetilde{u}_j)_{,j} \qquad (I.8)$$

$$\frac{\partial}{\partial t}(\rho e'' + \rho' \widetilde{e}) = \overline{p} \ (\overline{u_{i,i}''} - u_{i,i}'') + (\overline{p' u_{i,i}''} - p' u_{i,i}'' - p' \widetilde{u}_{i,i}) + (\varphi - \overline{\varphi})$$

$$(\rho' \widetilde{u}_i \widetilde{e} + \rho \widetilde{u}_i e'' + \rho u_i'' \widetilde{e})_{,i} + (\lambda_c' T_{,i} - \overline{\lambda_c' T_{,i}''} - \overline{\lambda_c} \ \overline{T''}_{,i})_{,i} \qquad (I.9)$$

$$(\overline{\rho u_i'' e''} - \rho u_i'' e'')_{,i} + (\overline{\lambda_c T_{,i}''})_{,i}$$

$$p' = R \ (\rho' T + \overline{\rho} \ T'')$$

III. Problème de fermeture

Dans le système d'équations (I.5) et (I.6), il y a des termes inconnus qui traduisent les effets non linéaires de la turbulence, ces termes sont : les contraintes de Reynolds (flux turbulent de quantité de mouvement), le flux turbulent de chaleur, le tenseur associé au taux de dissipation et le terme de corrélation pression-dilatation ; appelé aussi terme indicateur de compressibilité. La modélisation de ces termes constitue l'étape de fermeture à l'approche statistique qui a été adopté.

III .1. Fermeture au premier-ordre

Le problème de fermeture au premier-ordre est posé à cause de l'apparition des moments d'ordre deux rencontrés dans les équations statistiques de conservation de quantité de mouvement et de l'énergie interne.

Parmi les moments d'ordre deux qui nécessitent une modélisation sont $\widetilde{u_i'' u_j''}$, $\widetilde{u_i'' e''}$, ε et $\overline{p'd'}$. Dans le cadre d'une fermeture au premier-ordre, les modèles proposés pour ces termes sont des relations algébriques faisant intervenir le gradient de la vitesse moyenne.

III.1.1. Modélisation des flux turbulents

La modélisation des flux turbulents constitue l'étape de fermeture dans l'approche statistique de Favre. Cette modélisation lorsqu'elle s'effectue à partir du concept de viscosité turbulente due à Boussinesq repose de manière générale sur une hypothèse de transport de type gradient [11]:

$$-\bar{\rho}\widetilde{u_i'' \varphi''} = \frac{\mu_t}{\sigma_\varphi}\tilde{\varphi}_{,i}$$

A la lumière de cette hypothèse et dans le cadre d'une turbulence compressible, les contraintes de Reynolds sont données par [12]:

$$-\bar{\rho}\,\widetilde{u_i'' u_j''} = \mu_t(\tilde{u}_{i,j} + \tilde{u}_{j,i} - \frac{2}{3}\tilde{u}_{k,k}\,\delta_{ij}) - \frac{2}{3}\bar{\rho}\,k\,\delta_{ij}$$

Dans cette relation, le terme $\frac{2}{3}\bar{\rho}\,k\,\delta_{ij}$ assure la cohérence physique de l'égalité tensorielle, il est assimilé à une pression turbulente due aux mouvements d'agitation des particules fluides. $\mu_t = C_\mu\,\bar{\rho}\,\frac{k^2}{\varepsilon_s}$ est la viscosité turbulente, représentative de l'activité tourbillonnaire et est fonction des échelles locales de vitesse et de longueur.

L'aspect diffusif du flux turbulent de masse et de chaleur permet d'adopter des modèles de la forme suivante [11]:

$$\bar{\rho}\,\overline{u_i''} = \frac{\mu_t}{\sigma_p}\frac{\bar{\rho}_{,i}}{\bar{\rho}} \qquad\qquad \sigma_p = 0.5$$

$$\bar{\rho}\,\widetilde{u_i'' T''} = -\frac{\mu_t}{\sigma_T}\tilde{T}_{,i} \qquad\qquad \sigma_T = 0.7$$

15

Il nous reste maintenant qu'à déterminer les deux échelles turbulentes, à savoir, l'énergie cinétique turbulente et son taux de dissipation afin d'achever la fermeture du système d'équations

III.1.2. Modèles $k - \varepsilon$

III.1.2.1. Modèle $k - \varepsilon$ mono -échelle

Il s'agit d'un modèle à deux équations, une pour l'énergie cinétique turbulente et une pour son taux de dissipation. Ces équations assurent la convection, la diffusion et la dissipation de l'énergie cinétique turbulente et de son taux de dissipation selon la démarche suivante :

$$\frac{D}{Dt}(.) = \text{Diffusion (visqueuse et turbulente)} \ + \ \text{production} \ + \text{Dissipation}$$

Où $\frac{D}{Dt}(.) = \frac{\partial}{\partial t}(.) + u_j \frac{\partial}{\partial x_j}(.)$ représente La dérivée particulaire de la grandeur (.).

La prise en compte des effets de la compressibilité sur la turbulence par ce modèle relève de deux schémas de modélisation de ε. La première approche consiste à modéliser les effets de la compressibilité dans l'équation de transport du taux de dissipation total, nous citons ici les travaux de Ha Minh, Vandrome [12] et Rubesin [13], selon ces auteurs les équations modèles de k et ε se présentent comme suit :

$$\frac{\partial}{\partial t}(\bar{\rho} \, k) + (\bar{\rho} \, k \, \tilde{u}_j)_{,j} = -\bar{\rho} \, \widetilde{u_i'' u_j''} \, \tilde{u}_{i,j} - \bar{\rho} \, \varepsilon + d_k + E_k \qquad (I.10)$$

$$\frac{\partial}{\partial t}(\bar{\rho}\varepsilon) + (\bar{\rho} \, \tilde{u}_j \, \varepsilon)_{,j} = - C_{\varepsilon 1} \frac{\varepsilon}{k} \bar{\rho} \, \widetilde{u_i'' u_j''} \, \tilde{u}_{i,j} - C_{\varepsilon 2} \, \bar{\rho} \, \frac{\varepsilon^2}{k} + d_\varepsilon + E_\varepsilon \qquad (I.11)$$

d_k , d_ε représentent les termes de diffusion qui sont exprimés par des modèles de type gradient :

16

$$d_k = (\frac{\mu_t}{\sigma_k} k_{,j})_{,j}$$

$$d_\varepsilon = (\frac{\mu_t}{\sigma_\varepsilon} \varepsilon_{,j})_{,j}$$

E_k , E_ε représentent les termes de compressibilité :

$$E_k = \overline{p' u''_{i,i}} - \overline{\bar{p}_{,i} u''_i}$$

$$E_\varepsilon = C_{\varepsilon 3} \frac{\varepsilon}{k} \overline{p' u''_{i,i}} - C_{\varepsilon 4} \frac{\varepsilon}{k} \overline{\bar{p}_{,i} u''_i}$$

L'approche adoptée par Launder et El Baz [14] pour modéliser l'effet induit par la compressibilité dans l'équation du taux de dissipation réside dans la formulation de $C_{\varepsilon 2}$ du modèle incompressible qui est devenue fonction du nombre de Mach turbulent:

$$\frac{\partial}{\partial t}(\bar{\rho}\varepsilon) + (\bar{\rho}\,\tilde{u}_j\,\varepsilon)_{,j} = -C_{\varepsilon 1} \frac{\varepsilon}{k} \overline{\bar{\rho} u''_i u''_j}\, \tilde{u}_{i,j} - \frac{C_{\varepsilon 2}}{1 + 3.2 M_t^2} \bar{\rho} \frac{\varepsilon^2}{k}$$
$$+ 0.18 (\overline{\bar{\rho} u''_i u''_j} \frac{\varepsilon}{k} \varepsilon_{,i})_{,k} \tag{I.12}$$

La deuxième approche adoptée pour modéliser les effets de la compressibilité réside dans la décomposition du taux de dissipation total en une partie solénoïdale ε_s donnée par une équation modèle analogue à celle en turbulence incompressible et une partie dilatationelle ε_d exprimée à l'aide d'un modèle algébrique faisant intervenir le nombre de Mach turbulent. Dans le cadre de cette approche les équations de l'énergie cinétique et de son taux de dissipation sont données par:

$$\frac{\partial}{\partial t}(\bar{\rho} k) + (\bar{\rho}\,\tilde{u}_j\,k)_{,j} = -\overline{\bar{\rho} u''_i u''_j}\, \tilde{u}_{i,j} - \bar{\rho}(\varepsilon_s + \varepsilon_c) + \overline{p'd'} + (\frac{\mu_t}{\sigma_k} k_{,j})_{,j} \tag{I.13}$$

$$\frac{\partial}{\partial t}(\bar{\rho}\varepsilon_s) + (\bar{\rho}\tilde{u}_i\varepsilon_s)_{,j} = -C_{\varepsilon 1}\frac{\varepsilon_s}{k}\bar{\rho}\,\widetilde{u_i''u_j''}\,\tilde{u}_{i,j} - C_{\varepsilon 2}\,\bar{\rho}\,\frac{\varepsilon_s^2}{k} + (\frac{\mu_t}{\sigma_\varepsilon}\varepsilon_{s,j})_{,j} \qquad (I.14)$$

III.1.2.2. Modèle $k - \varepsilon$ multi-échelles

L'objet principal de la modélisation multi-échelle est de mieux capturer les différents mécanismes de transfert de l'énergie entre les différentes structures de la turbulence. L'idée de base de cette modélisation s'appuie sur un découplage du spectre de l'énergie spectrale $E(\kappa)$ en zones distinctes. Ces zones sont sièges de processus physique bien diffèrent. Nous rappelons ici que l'équation spectrale de $E(\kappa)$ s'écrit comme suit :

$$\frac{d}{dt}E(\kappa) = P(\kappa) + T(\kappa) - 2\,\upsilon\,\kappa^2 E(\kappa)$$

κ : désigne le nombre d'ondes.

Cette équation représente le bilan entre la variation temporelle de $E(\kappa)$, la production $P(\kappa)$, le transfert d'énergie $T(\kappa)$ et la dissipation $2\upsilon\kappa^2 E(\kappa)$. L'allure du spectre et les contributions de ces différents termes sont représentés sur la figure (1). Dans le cadre des modèles à deux échelles, le spectre d'énergie est divisé en deux régions : région de faible nombre d'ondes appelé aussi mouvement à grandes échelles et la deuxième relative au mouvement à petites échelles. L'énergie de la turbulence à grandes échelles est notéek_p, celle correspondant aux petites échelles estk_t. Le transfert d'énergie des grandes échelles vers les petites échelles est assuré par les forces d'inertie qui sont modélisées par le terme de transfertε_p. La dissipation de l'énergie en chaleur est égale àε_t.

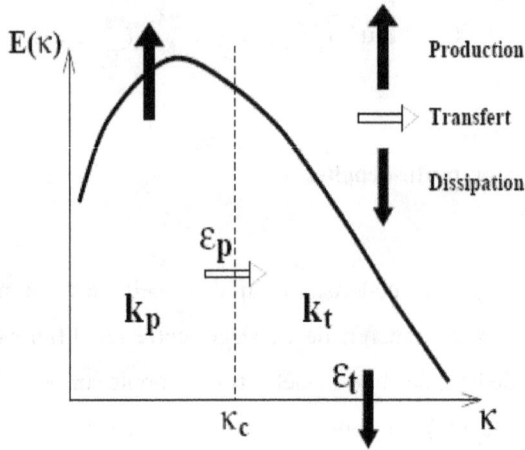

Figure 1 : Découpage du spectre en deux zones

Parmi les modèles incompressibles proposés dans la littérature, nous citons le modèle développé par Kim et Chen [15]. Après modélisation, ils proposent le système d'équations suivant :

- Equation de transport de l'énergie cinétique turbulente des grandes échelles

$$\frac{D}{Dt}(\bar{\rho}k_p) = ((\mu + \frac{\mu_t}{\sigma_{kp}})\, k_{p,j})_{,j} + P_k - \bar{\rho}\,\varepsilon_p \qquad (I.15)$$

- Equation de transport du transfert spectral de l'énergie turbulente des grandes structures vers les petites structures

$$\frac{D}{Dt}(\bar{\rho}\varepsilon_p) = ((\mu + \frac{\mu_t}{\sigma_{\varepsilon p}})\, \varepsilon_{p,j})_{,j} + cp_1\,\bar{\rho}\,\frac{P_k^2}{k_p} + cp_2\,\bar{\rho}\,\frac{P_k\varepsilon_p}{k_p} - cp_3\,\bar{\rho}\,\frac{\varepsilon_p^2}{k_p} \qquad (I.16)$$

- Equation de transport de l'énergie cinétique turbulente des petites échelles

19

$$\frac{D}{Dt}(\,\bar{\rho}\,k_t) = ((\mu + \frac{\mu_t}{\sigma_{kt}})\,k_{t,j})_{,j} - \bar{\rho}\,\varepsilon_p - \bar{\rho}\,\varepsilon_t \tag{I.17}$$

- Equation de transport de la dissipation

$$\frac{D}{Dt}(\bar{\rho}\varepsilon_t) = ((\mu + \frac{\mu_t}{\sigma_{\varepsilon t}})\,\varepsilon_{t,j})_{,j} + ct_1\,\bar{\rho}\,\frac{\varepsilon_p^{\,2}}{k_t} + ct_2\,\bar{\rho}\,\frac{\varepsilon_p\,\varepsilon_t}{k_t} - ct_3\,\bar{\rho}\,\frac{\varepsilon_t^{\,2}}{k_t} \tag{I.18}$$

L'un des intérêts de ce modèle est la façon dont est définie la viscosité turbulente. Celle-ci est donnée par :

$$\mu_t = c_\mu\,\bar{\rho}\,\frac{k^2}{\varepsilon_p}$$

Où $k = k_p + k_t$

Son originalité réside dans la prise en compte du terme de transfert d'énergie des grandes vers les petites échelles. Ainsi on peut écrire μ_t de manière différente :

$$\mu_t = c_\mu\,\bar{\rho}\,\frac{\varepsilon_t}{\varepsilon_p}\,\frac{k^2}{\varepsilon_t} = F(\varepsilon_t,\varepsilon_p)\,\bar{\rho}\,\frac{k^2}{\varepsilon_t}$$

Lorsque la turbulence est en état d'équilibre, la fonction F est égale à c_μ, on est alors dans le cadre d'un formalisme identique aux fermetures mono échelle. Dans le cas d'une turbulence hors équilibre, par exemple lorsque le transfert d'énergie des grandes vers les petites structures est plus important que la dissipation, alors μ_t diminue ce qui se traduit par une diminution de la production de la turbulence. Cette décomposition spectrale consiste en fait à créer un c_μ variable afin de ramener la turbulence vers un état d'équilibre. Ce modèle constitue la forme standard d'autres modèles modifiés qui tient compte des effets de la compressibilité sur la turbulence. On se limite ici au modèle proposé par William et al [16]. Nous savons bien que la compressibilité à un impact direct sur les échelles les plus énergétiques c'est-à-dire sur l'énergie cinétique turbulente contenue dans les grandes échelles. Ces effets apparaissent clairement dans l'augmentation du transfert d'énergie des grandes échelles vers les petites échelles et l'échange d'énergie entre les fluctuations de vitesses et les fluctuations de pression. Cet échange est assuré par les termes de corrélations pression-dilatation. Cette idée conduit William et al à corriger l'équation de k_p, ε_p. Ces équations qui font intervenir le paramètre de compressibilité M_t sont écrites comme suit :

$$\frac{D}{Dt}(\bar{\rho}\, k_p) = ((\mu + \frac{\mu_t}{\sigma_{k_p}})k_{p,j})_{,j} + P_k - \bar{\rho}\,\varepsilon_p + \overline{p'd'} \qquad (I.19)$$

$$\frac{D}{Dt}(\bar{\rho}\, \varepsilon_p) = ((\mu + \frac{\mu_t}{\sigma_{\varepsilon_p}})\varepsilon_{p,j})_{,j} + cp_1 \frac{\varepsilon_p P_k}{k_p} - (cp_2 - cp_3 M_t^2)\frac{\varepsilon_p^2}{k_p} \qquad (I.20)$$

En ce qui concerne la turbulence à petites échelles William et al maintiennent les équations de k_t et ε_t déjà proposées par Kim et Chen :

$$\frac{D}{Dt}(\bar{\rho}\, k_t) = ((\mu + \frac{\mu_t}{\sigma_{kt}})k_{t,j})_{,j} + \bar{\rho}\,\varepsilon_p - \bar{\rho}\,\varepsilon_t \qquad (I.21)$$

$$\frac{D}{Dt}(\bar{\rho}\, \varepsilon_t) = ((\mu + \frac{\mu_t}{\sigma_{\varepsilon t}})\,\varepsilon_{t,j})_{,j} + ct_1 \bar{\rho}\,\frac{\varepsilon_p \varepsilon_t}{k_t} - ct_2 \bar{\rho}\,\frac{\varepsilon_t^2}{k_t} \qquad (I.22)$$

III.1.3. Dissipation compressible et corrélation pression-dilatation

L'inhibition de la capacité de mélange et de la production d'énergie cinétique turbulente dans les couches cisaillées à grandes vitesses est un phénomène bien connu. Plusieurs explications ont été proposées ces dernières années et on peut distinguer deux approches. La première liée à la structure de la turbulence repose sur une modification de l'anisotropie du champ de vitesse et plus récemment du champ de pression. La deuxième s'appuie sur l'examen du bilan de l'énergie cinétique turbulente et privilégié l'émergence de deux termes explicitement compressibles qui modifierait ce bilan. Ces termes sont les corrélations pression-dilatation et la dissipation compressible. La modélisation de ces termes fait l'objet d'une importante littérature. Depuis 1990, les travaux de Sarkar [17-18] et Zeman [19] constituent une vraie piste pour toute tentative s'inscrivant dans le cadre de la modélisation des écoulements compressibles. En effet ces travaux qui ont conduit à la théorie de séparation des modes de vorticité et acoustique via la décomposition de la vitesse fluctuante en une partie solénoïdale et partie dilatationelle (Décomposition d'Helmoltz), génèrent des modèles pour les termes de dilatation fluctuante, à savoir, la corrélation pression-dilatation $\overline{(p'd')}$ et le taux de dissipation compressible (ε_c). Les modèles proposés par Sarkar sont basés sur une analyse asymptotique du comportement de la turbulence pour de faibles nombres de Mach turbulent :

$$\varepsilon_c = a\, M_t^2\, \varepsilon_s \qquad\qquad (I.23)$$

$$\overline{p'd'} = -a_2\, \overline{\rho} P M_t + a_3\, \overline{\rho}\, \varepsilon_s\, M_t^2 \qquad\qquad (I.24)$$

P représente le terme de production du au gradient de la vitesse moyenne et a, a_2 et a_3 sont des constantes qui prennent respectivement les valeurs égales à 0.5, 0.15 et 0.2. Indépendamment, Zeman a développé deux autres modèles pour $\overline{(p'd')}$ et (ε_c). Ces modèles sont basés sur le concept de "shocklets" et de l'équilibre acoustique. Ces modèles sont les suivants [20] :

$$\varepsilon_c = f(M_t)\, \varepsilon_s \qquad\qquad (I.25)$$

$$f(M_t) = 1 - \exp\left(-\left[(M_t - 0.25)/0.8\right]^2\right) \quad \text{si } M_t \geq 0.25$$

$$f(M_t) = 0 \qquad\qquad\qquad \text{si } M_t \prec 0.25$$

$$\overline{p'd'} = (\overline{p}\,\gamma)^{-1}\left[\frac{\overline{p'^2} - p_e^2}{\tau_f} + \frac{(5 - 3\gamma)}{12}\,\overline{p'^2}\,\tilde{u}_{k,k}\right] = -\frac{1}{2}\frac{d}{dt}\left(\frac{\overline{p'^2}}{\gamma\overline{p}}\right) \qquad (I.26)$$

Où τ_f est une échelle de temps caractéristique et p_e une pression acoustique, ces grandeurs sont exprimées à l'aide des formulations suivantes :

$$\tau_f = 0.4 \frac{k}{\varepsilon} M_t$$

$$p_e^2 = 2 \, \bar{\rho}^2 \, k \, \gamma \, R \, \tilde{T} \left(\frac{M_t^2 + M_t^4}{1 + M_t^2 + M_t^4} \right)$$

(I.27)

IV. Conclusion

Dans ce chapitre, nous avons commencé par établir les équations générales régissant les écoulements turbulents compressibles en utilisant la méthode statistique de Favre. Par la suite nous avons présenté une revue bibliographique sur les méthodes de fermeture au premier-ordre des corrélations inconnues apparaissant dans les équations de quantité de mouvement et de l'énergie interne.

Chapitre II :

Simulation numérique d'une turbulence
compressible homogène cisaillée

I. Introduction

Ce chapitre a pour objet la simulation numérique d'une turbulence homogène compressible accompagnée d'un cisaillement uniforme à l'aide d'un modèle au premier-ordre. Ce modèle consiste à résoudre numériquement un système à deux équations, une pour l'énergie cinétique turbulente et l'autre pour son taux de dissipation. Dans ce modèle nous avons testé deux approches de modélisation des effets de la compressibilité. La première, qui consiste à décomposer le taux de dissipation total en partie solénoïdale et une partie compressible est due à Sarkar et Zeman . La deuxième est celle proposée par Launder et al. Pour laquelle le taux de dissipation total est donné par une équation de transport tenant compte explicitement des effets de compressibilité.

II. Equations relatives à une turbulence homogène cisaillée

Un écoulement turbulent homogène compressible uniformément cisaillé est caractérisé par un tenseur gradient de vitesse moyenne de la forme :

$$\frac{d\tilde{u}_i}{dx_j} = S\,\delta_{i1}\,\delta_{j2}$$

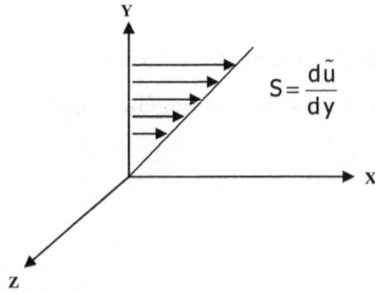

Figure 2 : Schéma du champ de vitesse moyen pour une turbulence Homogène cisaillée

Où S correspond à un taux de cisaillement constant voir figure (2). Cette définition conduit à une dilatation moyenne :

$$\tilde{u}_{i,i} = 0 \qquad \text{(II.1)}$$

Ces considérations permettent d'écrire les équations suivantes:

$$\frac{d\,k}{dt} = -\widetilde{u''v''}\,S - (\varepsilon_s + \varepsilon_c) + \frac{1}{\bar{\rho}}\,\overline{p'd'} \qquad \text{(II.2)}$$

$$\frac{d\,\varepsilon_s}{dt} = -C_{\varepsilon 1}\frac{\varepsilon_s}{k}\,\widetilde{u''v''}\,S - C_{\varepsilon 2}\frac{\varepsilon_s^2}{k} \qquad \text{(II.3)}$$

Pour fermer ces équations, nous retenons pour $\widetilde{u''v''}$ le modèle de type gradient du à Boussinesq   et pour $\overline{p'd'}$ et ε_c, nous retenons les modèles proposés par Sarkar [17,18] et Zeman [19]. Les modèles proposés par Zeman exigent en plus deux équations d'évolution une pour la variance de pression et l'autre pour l'énergie interne. Ces équations sont les suivantes :

$$\frac{d\,\overline{p'^2}}{dt} = 2\,\frac{p_e^{\,2} - \overline{p'^2}}{\tau_f} \tag{II.4}$$

$$\frac{d\,\widetilde{e}}{dt} = \varepsilon - \overline{p'd'} \tag{II.5}$$

Ces modèles sont exprimés en fonction du nombre de Mach turbulent ; ce paramètre pourrait être écrit par une équation d'évolution déduite de l'énergie interne et de l'énergie cinétique turbulente :

$$\frac{dM_t}{dt} = -\frac{M_t}{2k}\,\widetilde{u''v''}\,S + \frac{M_t}{2\,\overline{\rho}\,k}\left[1 + \frac{1}{2}\,\gamma\,(\gamma-1)\,M_t^{\,2}\right]\,(\,\overline{p'd'} - \overline{\rho}\,\varepsilon) \tag{II.6}$$

Ces équations d'évolutions peuvent être écrites sous une forme adimensionnelle qui conduit aux équations d'évolution des grandeurs sans dimensions :

$$\frac{dk^*}{dt^*} = \frac{P}{Sk_0} - \frac{\varepsilon}{Sk_0} + \frac{1}{\overline{\rho}}\,\overline{p'd'} \tag{II.7}$$

$$\frac{d\varepsilon_s^*}{dt^*} = C_{\varepsilon1}\,\frac{\varepsilon_s^*}{a\,k^*}\,\frac{P}{\varepsilon_{s0}} - C_{\varepsilon2}\,\frac{\varepsilon_s^*}{a\,k^*} \tag{II.8}$$

$$\frac{dM_t}{dt^*} = \frac{M_t\,P}{2\,k\,S} + \frac{M_t}{2\,\overline{\rho}\,k\,S}\left[1 + \frac{1}{2}\,\gamma\,(\gamma-1)\right]\left[\overline{p'd'} - \overline{\rho}\,\varepsilon\right] \tag{II.9}$$

$$\frac{d\widetilde{e}^*}{dt^*} = \frac{\varepsilon}{Sk_0} - \frac{\overline{p'd'}}{Sk_0} \tag{II.10}$$

$$\frac{d\,\overline{p'^2}^*}{dt^*} = \frac{2\,(\,p_e^{\,2} - \overline{p'^2}\,)}{S\,k_0\,\tau_f} \tag{II.11}$$

III. Présentation et discussion des résultats

Dans cette partie, nous allons présenter les résultats issus de la simulation numérique d'une turbulence homogène cisaillée utilisant un modèle $k - \varepsilon$ linéaire dans lequel nous avons intégré les deux approches de modélisation des effets de la compressibilité. Les équations du modèle $k - \varepsilon$ sont numériquement résolues à l'aide de la méthode de Runge Kutta d'ordre 4. Deux cas de simulations ont été traités dans lesquels les valeurs initiales de $(\frac{Sk}{\varepsilon_s})_0$ et M_{t0} sont prises conformément aux conditions initiales de la simulation numérique directe de Sarkar [1].

Cas	M_{t_0}	$\left(\dfrac{Sk}{\varepsilon_s}\right)_0$
A_2	0.4	3.6
B_2	0.2	3.6

Tableau 1 : Conditions initiales

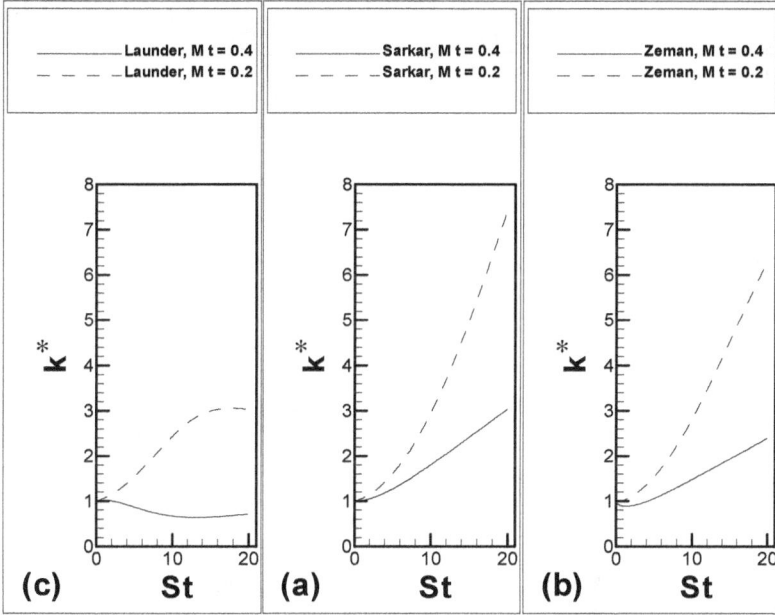

Figure 3 : Evolution temporelle de K^*

Les figures (3-a), (3-b) et (3-c) présentent respectivement pour le modèle $k - \varepsilon$ en addition avec les modèles de Sarkar, Zeman pour $\overline{p'd'}$ et ε_c , le modèle de Launder pour le taux de dissipation total, l'évolution de l'énergie cinétique turbulente pour deux cas de nombre de Mach turbulent (M_t =0.2, 0.4), comme il est prédit dans la littérature, les modèles de Sarkar et Zeman reproduisent d'une manière correcte le comportement d'une turbulence homogène cisaillée. Ce comportement apparaît dans la croissance libre de l'énergie cinétique turbulente. Nous remarquons aussi de ces figures que les modèles proposés par Sarkar et Zeman sont capables de capturer les effets de la compressibilité sur l'énergie cinétique turbulente. Cet effet se traduit par une réduction de l'énergie lorsque la compressibilité augmente.

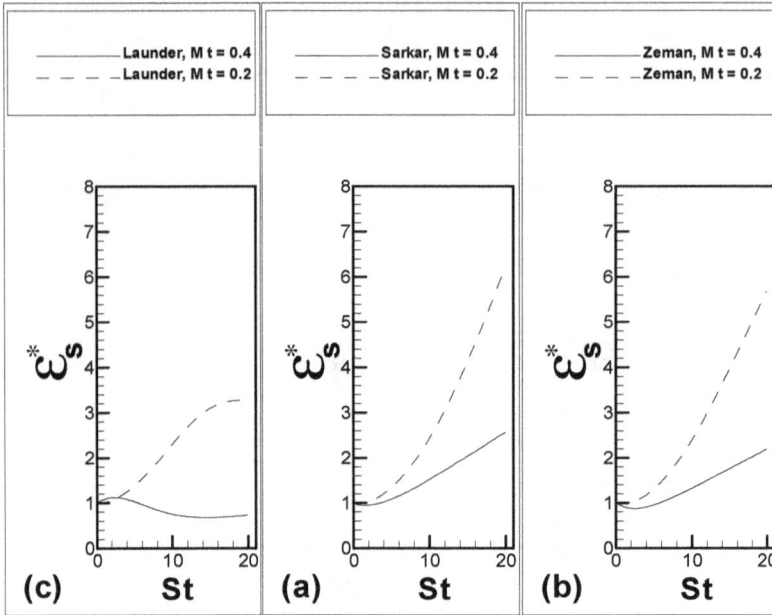

Figure 4 : Evolution temporelle de ε^*_s

Le modèle proposé par Launder [9] pour modéliser les effets de la compressibilité dans l'équation de transport du taux de dissipation se trouve incapable de reproduire le comportement en exponentielle de l'énergie cinétique turbulente ceci pourrait être expliquée par le fait que la correction proposée par cet auteur est purement empirique. Ces remarques sont observées aussi dans les résultats donnant l'évolution du taux de dissipation de l'énergie cinétique ((4-a), (4-b) et (4-c)). Vue que les résultats issus du modèle de Launder et al. s'écartent du comportement habituel de la turbulence homogène cisaillée, on va s'intéresser dans toute la suite aux résultats issus des modèles de Sarkar et Zeman.

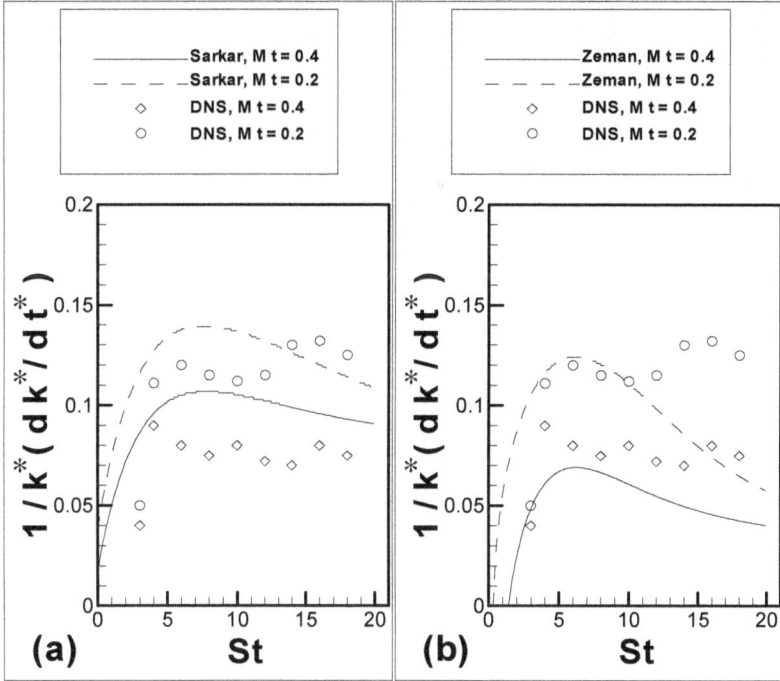

Figure 5 : Evolution temporelle de Λ

Sur les figures (5-a) et (5-b), nous avons tracé l'évolution du taux de croissance de l'énergie cinétique turbulente $(\Lambda = \dfrac{1}{Sk}\dfrac{dk}{dt})$ pour $M_{t\,0} = 0.2$ et 0.4. Il est bien établi que lorsque la compressibilité augmente, Λ subit une réduction forte. On observe aussi de ces résultats que les prédictions obtenues à partir du modèle $k - \varepsilon$ en addition avec les modèles de Sarkar sont qualitativement satisfaisantes comparées à celles obtenues à l'aide des modèles de Zeman.

30

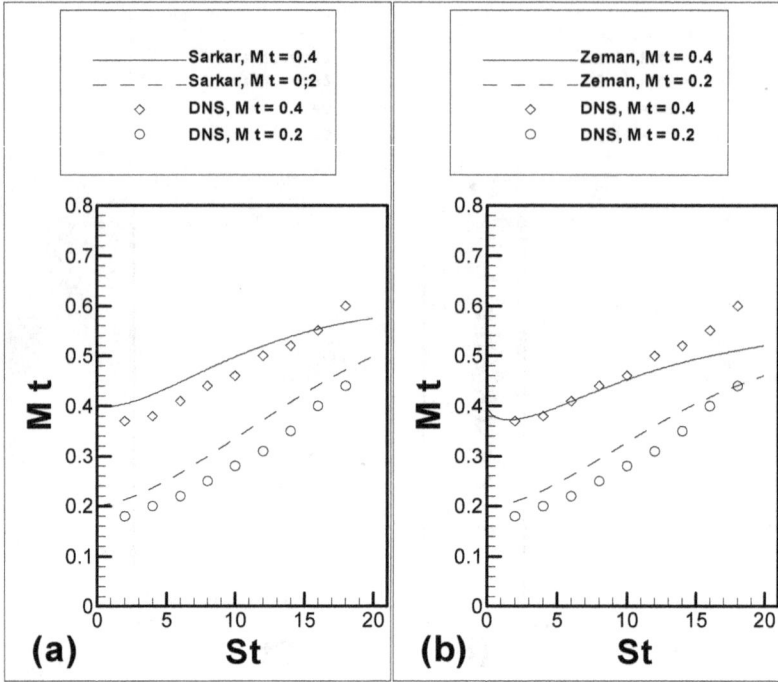

Figure 6 : Evolution temporelle de M_t

Les courbes d'évolution de M_t issues de deux modèles sont tracées sur les figures (6-a) et (6-b). Il est claire que le modèle $k - \varepsilon$ en addition avec les modèles proposés par Sarkar et Zeman reproduisent la croissance monotone au cours du temps du nombre de Mach turbulent. Là aussi nous notons que les résultats issus du modèle de Sarkar sont en bon accord avec les DNS de Sarkar [1].

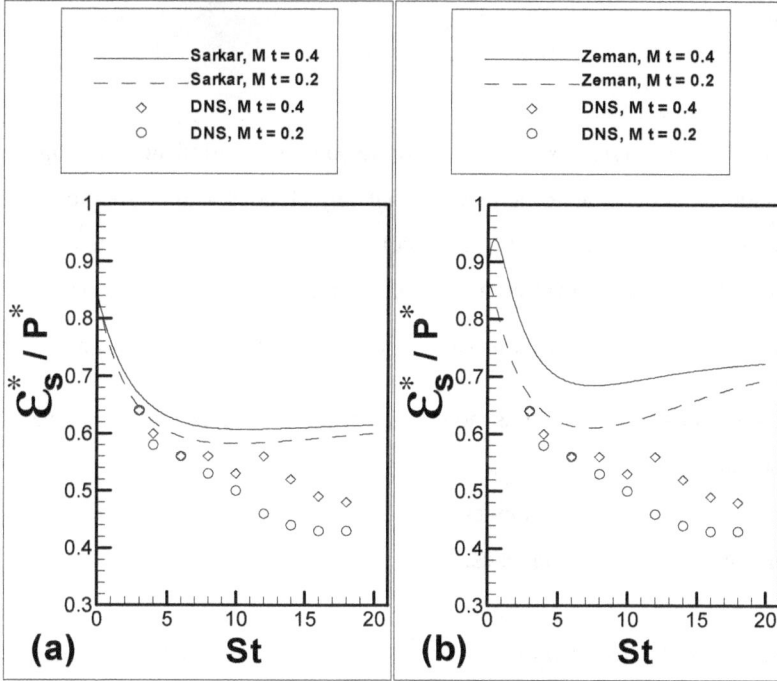

Figure 7 : Evolution temporelle de $\dfrac{\varepsilon_s}{P}$

L'évolution temporelle de la dissipation solénoïdale rapportée à la production est représentée sur les figures (7-a) et (7-b). Nous observons de ces figures qu'une augmentation du nombre de Mach turbulent entraîne une augmentation de $\dfrac{\varepsilon_s}{P}$ .Cette amplification est due au fait que pour un instant donné, le taux de croissance de l'énergie cinétique turbulente est plus grand que celui de la dissipation solénoïdale.

IV. Conclusion

Dans ce chapitre, nous avons simulé numériquement une turbulence homogène cisaillée à l'aide d'un modèle $k - \varepsilon$ linéaire dont lequel nous avons adopté deux approches de modélisation des effets de la compressibilité sur la turbulence. La première est due à Sarkar et Zeman et la deuxième est due à Launder et al. Deux cas de simulations numériques ont été envisagés pour lesquels $(\frac{Sk}{\varepsilon_s}) = 3.6$ et $M_t = 0.2, 0.4$. Les résultats que nous avons obtenus nous ont permis de dégager les principales conclusions suivantes :

- La correction proposée par Launder et al se trouve un peu forte pour décrire les écoulements turbulents homogènes.

- L'approche suivie par Sarkar et Zeman, qui est basée sur la théorie de séparation des modes de vorticité et acoustique, semble être la plus adéquate pour reproduire l'effet de la compressibilité sur la turbulence. Toutefois, on note que les résultats issus des modèles de Sarkar sont qualitativement satisfaisants comparés à ceux obtenus à l'aide des modèles de Zeman.

- Les désaccords observés entre les résultats de calculs et ceux de la simulation numérique directe pour $\frac{\varepsilon_s}{P}$ sont dus essentiellement au taux de dissipation solénoïdal qui est donné par une équation modèle établie en simulation de turbulence incompressible. Cette équation a besoin encore d'être améliorée pour décrire correctement le comportement d'une turbulence incompressible afin d'être appliqué aux écoulements turbulents compressibles.

Chapitre III :

Simulation Numérique d'une couche
de mélange Compressible

I. Introduction

On se propose, Dans ce chapitre, d'évaluer les modèles proposés par Sarkar et Zeman pour exprimer les termes indicateurs de compressibilité et la correction proposée par Launder et al dans l'équation du taux de dissipation dans le cas d'une turbulence inhomogène évoluant en présence d'une couche de mélange compressible. Les résultats obtenus seront comparés aux résultats expérimentaux de Goebel et Dutton.

II. Equations relatives à une couche de mélange

II. 1. Equations du modèle au premier ordre

Dans cette partie, nous allons écrire les équations régissant le développement spatial d'une couche de mélange. Pour ce faire nous avons adopté en plus les hypothèses de la couche limite les deux hypothèses suivantes :

- Le mouvement moyen supposé stationnaire
- En absence de parois et pour des nombres de Reynolds sont suffisamment grands, les effets moléculaires sont négligeables.

Ces considérations permettent de déduire des équations générales déjà présentées dans le chapitre I les équations de la couche de mélange dans lesquelles, nous avons adopté un modèle de type gradient dû à Boussinesq pour exprimer les tensions de Reynolds. Ces équations sont les suivantes :

- équation de conservation de la masse :

$$\frac{\partial}{\partial x}(\bar{\rho}\,\tilde{u}) + \frac{\partial}{\partial y}(\bar{\rho}\,\tilde{v}) = 0 \qquad (\text{III.1})$$

- équation de conservation de la quantité de mouvement :

$$\bar{\rho}\,\tilde{u}\,\frac{\partial}{\partial x}(\tilde{u}) + \bar{\rho}\,\tilde{v}\,\frac{\partial}{\partial y}(\tilde{v}) = \frac{\partial}{\partial y}(C_\mu\,\bar{\rho}\,\frac{k^2}{\varepsilon_s}\,\frac{\partial \tilde{u}}{\partial y}) \qquad (\text{III. 2})$$

- équation de conservation de l'énergie :

$$\bar{\rho}\,\tilde{u}\,\frac{\partial \tilde{T}}{\partial x} + \bar{\rho}\,\tilde{v}\,\frac{\partial \tilde{T}}{\partial y} = \frac{\partial}{\partial y}\left(\frac{C_\mu}{\sigma_t}\,\bar{\rho}\,\frac{k^2}{\varepsilon_s}\,\frac{\partial \tilde{T}}{\partial y}\right) \qquad (\text{III.3})$$

La fermeture de ce système d'équations exige des modèles pour les différents termes suivants :

$$\overline{p'd'}, \varepsilon_s, \varepsilon_c \text{ et } k$$

Pour $\overline{p'd'}$ et ε_c, nous retenons les modèles proposés par Sarkar [17,18] et Zeman [19], k et ε_s sont données par un modèle $k - \varepsilon$ linéaire :

$$\bar{\rho}\,\tilde{u}\,\frac{\partial k}{\partial x} + \bar{\rho}\,\tilde{v}\,\frac{\partial k}{\partial y} = C_\mu\,\bar{\rho}\,\frac{k^2}{\varepsilon_s}\,(\frac{\partial \tilde{u}}{\partial y})^2 + \frac{\partial}{\partial y}(\frac{C_\mu}{\sigma_k}\,\bar{\rho}\,\frac{k^2}{\varepsilon_s}\,\frac{\partial k}{\partial y}) - \bar{\rho}\,(\varepsilon_s + \varepsilon_c) + \overline{p'd'} \qquad (\text{III.4})$$

$$\bar{\rho}\,\tilde{u}\,\frac{\partial \varepsilon_s}{\partial x} + \bar{\rho}\,\tilde{v}\,\frac{\partial \varepsilon_s}{\partial y} = C_{\varepsilon 1}\,C_\mu\,k\,\bar{\rho}\,(\frac{\partial \tilde{u}}{\partial y})^2 - C_{\varepsilon 2}\,\bar{\rho}\,\frac{\varepsilon_s^2}{k} + \frac{\partial}{\partial y}(\frac{C_\mu\,\bar{\rho}}{\sigma_\varepsilon}\,\frac{k^2}{\varepsilon_s}\,\frac{\partial \varepsilon_s}{\partial y}) \qquad (\text{III.5})$$

II. 2 Equations sans dimensions

Avant d'aborder la résolution du système d'équations présentées au dessus, il est important de rendre celles-ci adimensionnelles. Pour ce faire, nous posons :

$$\tilde{u}^* = \frac{\tilde{u}}{\Delta u} \ , \ \tilde{v}^* = \frac{\tilde{v}}{\Delta u} \ , \ \tilde{T}^* = \frac{\tilde{T}}{\Delta T} \ , \ \bar{\rho}^* = \frac{\bar{\rho}}{\Delta \rho} \ , \ X = \frac{x}{x_f} \ , \ \eta = \frac{y}{\delta} \ , \ \delta = y_p - y_s$$

$$k^* = \frac{k}{\Delta u^2} \ , \ \varepsilon_s^* = \frac{\varepsilon_s \delta}{\Delta u^3} \ , \ \Delta u = u_1 - u_2 \ , \ \Delta T = T_1 - T_2 \ , \ \Delta \rho = \rho_1 - \rho_2$$

y_p , y_s Sont les coordonnées transversales correspondant respectivement à :

$$\tilde{u} = u_1 - 0.1 \Delta u \ , \tilde{u} = u_2 + 0.1 \Delta u \text{ et } x_f \text{ est la station finale.}$$

Dans ces expressions, les indices 1 et 2 indiquent respectivement l'écoulement supersonique et l'écoulement subsonique

Les équations sans dimensions sont les suivantes :

$$\frac{\delta}{x_f} \frac{\partial}{\partial X}(\bar{\rho}^* \tilde{u}^*) + \frac{\partial}{\partial \eta}(\bar{\rho}^* \tilde{u}^*) = 0 \qquad \text{(III.6)}$$

$$\frac{\delta}{x_f} \bar{\rho}^* \tilde{u}^* \frac{\partial \tilde{u}^*}{\partial X} + \bar{\rho}^* \tilde{v}^* \frac{\partial \tilde{v}^*}{\partial \eta} = \frac{\partial}{\partial \eta} \left(\frac{k^{2*}}{\varepsilon_s^*} \frac{\partial \tilde{u}^*}{\partial \eta} \right) \qquad \text{(III.7)}$$

$$\frac{\delta}{x_f} \bar{\rho}^* \tilde{u}^* \frac{\partial \tilde{T}^*}{\partial X} + \bar{\rho}^* \tilde{v}^* \frac{\partial \tilde{T}^*}{\partial \eta} = \frac{\partial}{\partial \eta} \left(\frac{C_\mu}{\sigma_t} \bar{\rho}^* \frac{k^{2*}}{\varepsilon_s^*} \frac{\partial \tilde{T}^*}{\partial \eta} \right) \qquad \text{(III.8)}$$

$$\frac{\delta}{x_f} \overline{\rho}^* \tilde{u}^* \frac{\partial k^*}{\partial \chi} + \overline{\rho}^* \tilde{v}^* \frac{\partial k^*}{\partial \eta} = \overline{\rho}^* \varepsilon_s^* \left[M_t^2(a_3 - a) - 1 \right] + C_\mu \overline{\rho}^* \frac{k^{2*}}{\varepsilon_s^*} (1 - a_2 M_t) (\frac{\partial \tilde{u}^*}{\partial \eta})^2$$
$$+ \frac{\partial}{\partial \eta} (\frac{C_\mu}{\sigma_k} \overline{\rho}^* \frac{k^{2*}}{\varepsilon_s^*} \frac{\partial k^*}{\partial \eta}) \tag{III.9}$$

$$\frac{\delta}{x_f} \overline{\rho}^* \tilde{u}^* \frac{\partial \varepsilon_s^*}{\partial \chi} + \overline{\rho}^* \tilde{v}^* \frac{\partial \varepsilon_s^*}{\partial \eta} = C_{\varepsilon 1} C_\mu \overline{\rho}^* k^* (\frac{\partial \tilde{u}^*}{\partial \eta})^2 - C_{\varepsilon 2} \overline{\rho}^* \frac{\varepsilon_s^{2*}}{k^*}$$
$$+ \frac{\partial}{\partial \eta} (\frac{C_\mu \overline{\rho}^* k^{2*}}{\sigma_\varepsilon \varepsilon_s^*} \frac{\partial \varepsilon_s^*}{\partial \eta}) \tag{III.10}$$

III. Présentation et discussion des résultats

III. 1. Méthode numérique

Les équations statistiques sont résolues numériquement à l'aide d'une méthode de différence finie. Le domaine de calcul considéré dans cette étude est rectangulaire dont les dimensions sont celles de la géométrie expérimentale de Goebel et Dutton [8]. Le maillage est cartésien, uniforme dans les deux directions : longitudinale et transversale.

Pour notre simulation, les seuls profits initiaux qui sont disponibles, dans l'expérience de Goebel et Dutton sont ceux pour $\widetilde{u''u''}$, $\widetilde{v''v''}$, $\widetilde{u''v''}$ et $\tilde{u}$. Il apparaît nécessaire donc de générer des profils initiaux pour ε_s, $\tilde{T}$, $\overline{\rho}$, $\tilde{u}$ et k afin de résoudre les équations régissant notre configuration. Le profil initial de la dissipation solénoïde est déterminé à partir du modèle classique de la viscosité turbulente, Ce modèle est dû à Jones et Launder [14], selon lequel la dissipation s'écrit comme suit :

$$\varepsilon_s = -C_\mu \frac{k^2}{\widetilde{u''v''}} \frac{\partial \tilde{u}}{\partial y}$$

Pour le profil initial de la température, nous avons admis une des analogies de Reynolds qui dit qu'il y a une similarité entre les profils de la température et de la vitesse moyenne [22] :

$$\frac{\tilde{u} - \tilde{u}_2}{\Delta \tilde{u}} = \frac{\tilde{T} - \tilde{T}_2}{\Delta \tilde{T}}$$

Le profil initial de la masse volumique est déduit de l'équation d'état d'un gaz parfait :

$$\frac{\bar{\rho}}{\Delta \rho} = \frac{\Delta \tilde{T} M_2^2 (1 - \frac{\tilde{u}_1}{\tilde{u}_2})^2}{\tilde{T} M_1^2 (1 - \frac{\tilde{u}_2}{\tilde{u}_1})^2 (1 - \frac{\rho_1}{\rho_2})(1 - \frac{\tilde{T}_1}{\tilde{T}_2})}$$

et enfin un profil pour l'énergie cinétique turbulente, ce profil a été calculé à partir des profils initiaux de $\widetilde{u''u''}$ et $\widetilde{v''v''}$ par la relation suivante :

$$k = \frac{1}{2} \widetilde{u''u''} + \widetilde{v''v''}$$

III. 2. Résultats et discussion

Nous rappelons ici que notre objet consiste à évaluer les modèles exprimant les effets de la compressibilité proposés par Sarkar [17-18], Zeman [19] et Launder [14], via un modèle $k-\varepsilon$ linéaire. La configuration étudiée est une couche de mélange se développant en présence d'une turbulence compressible à un nombre de Mach convectif $M_c = 0.86$. (Voir tableau 2).

$\dfrac{U_2}{U_1}$	$\dfrac{\rho_2}{\rho_1}$	M_1	M_2	T_{t1}	T_{t2}	U_1	U_2	M_c
0.16	0.60	2.35	0.30	360	290	616	100	0.86

Tableau 2 : conditions initiales

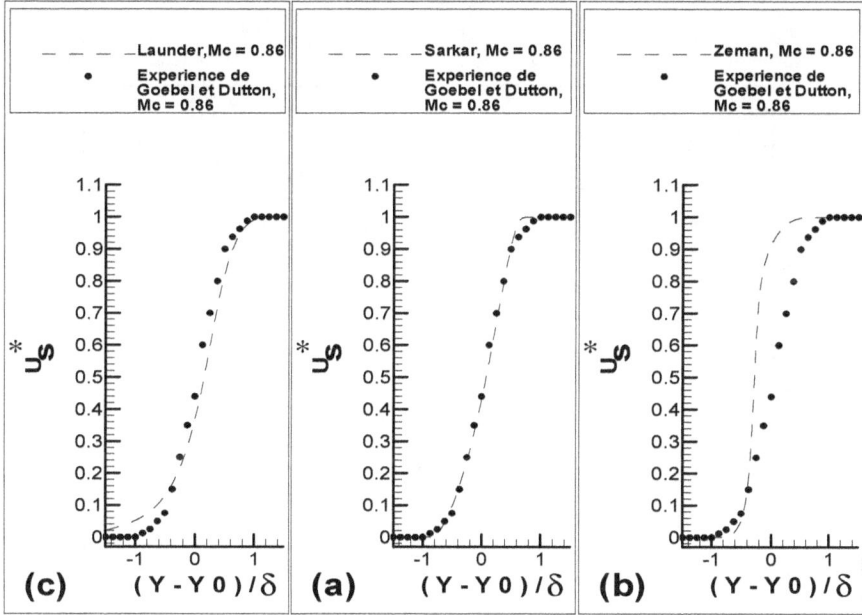

Figure 8 : évolution spatiale de u_s^* pour $M_c = 0.86$

Sur les figures (8-a), (8-b) et (8-c), nous avons présenté les profils de la vitesse moyenne issus de trois modèles (Sarkar, Zeman et Launder) pour un nombre de Mach convectif $M_c = 0.86$. Par comparaison aux résultats expérimentaux de Goebel et Dutton, nous remarquons que le modèle $k - \varepsilon$ en addition avec les modèles de Sarkar, reproduit d'une   manière correcte l'évolution spatiale de la vitesse moyenne. On note aussi de ces résultats que l'évolution spatiale de la couche de mélange est linéaire .Ce comportement est observé aussi dans les résultats des figures (9-a), (9-b) et (9-c) qui montrent que l'épaisseur de la couche de mélange croit linéairement avec la coordonnée longitudinale.

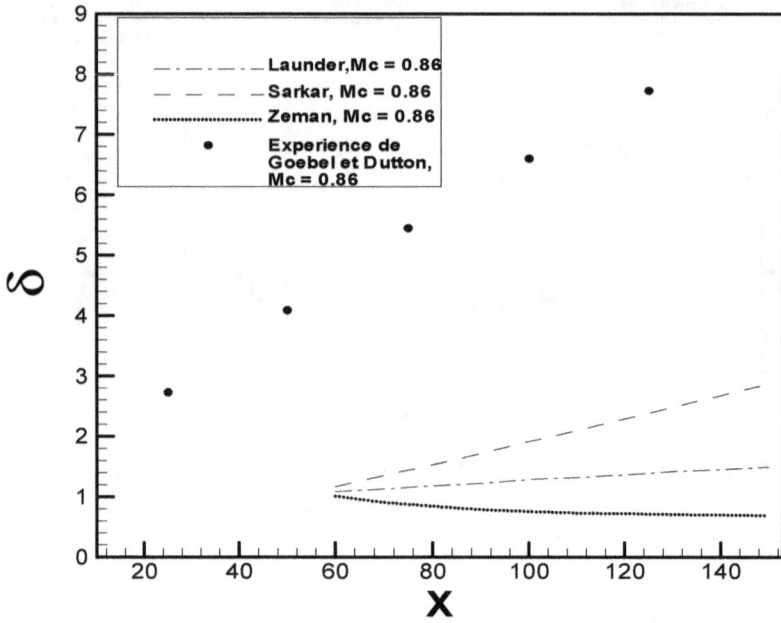

Figure 9 :   Evolution spatiale de l'épaisseur de la couche de mélange

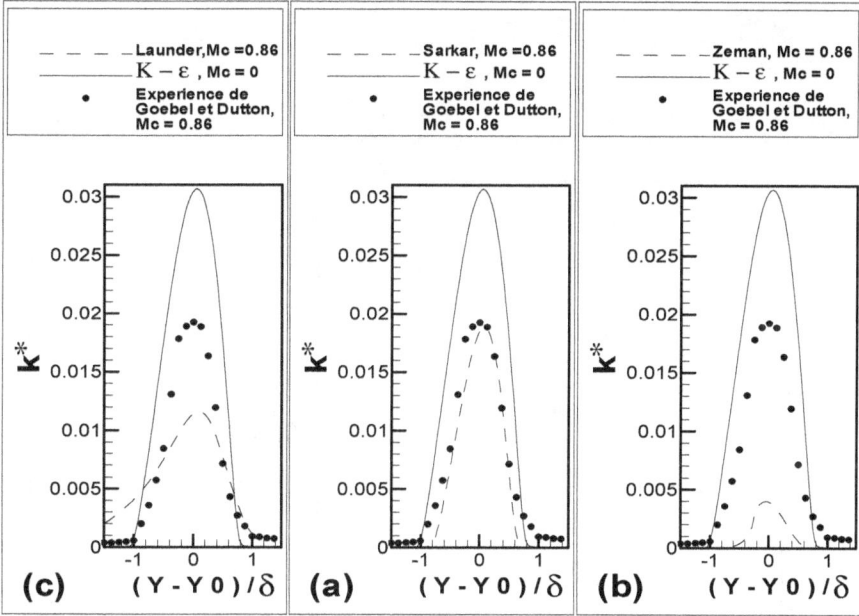

Figure 10 : évolution spatiale de k^* pour $M_c = 0.86$, $M_c = 0$

Nous avons porté sur les figures (10-a), (10-b) et (10-c) les profils de l'énergie cinétique turbulente pour deux valeurs de nombre de Mach convectif $M_c = 0$ et 0.86. Ces résultats montrent que les trois modèles sont capables de capturer les effets de la compressibilité sur la turbulence. Ces effets se traduisent clairement par une réduction de l'énergie cinétique turbulente une fois le nombre de Mach convectif augmente. Là aussi nous devons signaler que seuls les résultats issus du modèle $k - \varepsilon$ en conjonction avec les modèles de Sarkar sont en bon accord avec les résultats expérimentaux de Goebel et Dutton.

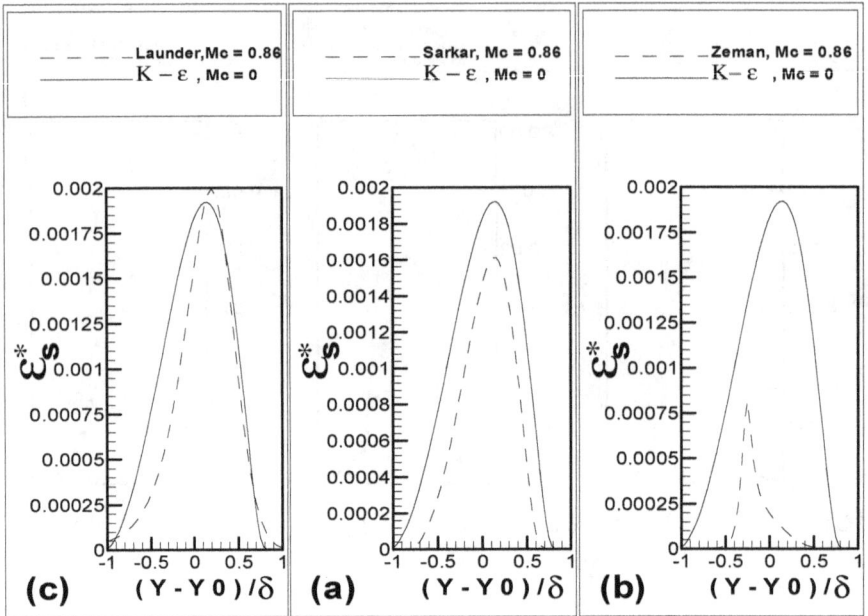

Figure 11 : évolution spatiale de ε_s^* pour $M_c = 0.86$, $M_c = 0$

Les profils du taux de dissipation sont portés sur les figures (11-a), (11-b) et (11-c). On observe de ces résultats que la correction proposée par Launder et al. au niveau de l'équation modèle de ε_s ne perdit pas l'effet de la compressibilité sur le taux de dissipation. Nous remarquons que ε_s croit avec l'augmentation du nombre de Mach convectif. Les résultats issus des modèles de Sarkar et Zeman montrent qu'il y a une réduction du taux de dissipation une fois le nombre de Mach convectif croit, comportement déjà confirmé par les simulations et les expériences de littérature.

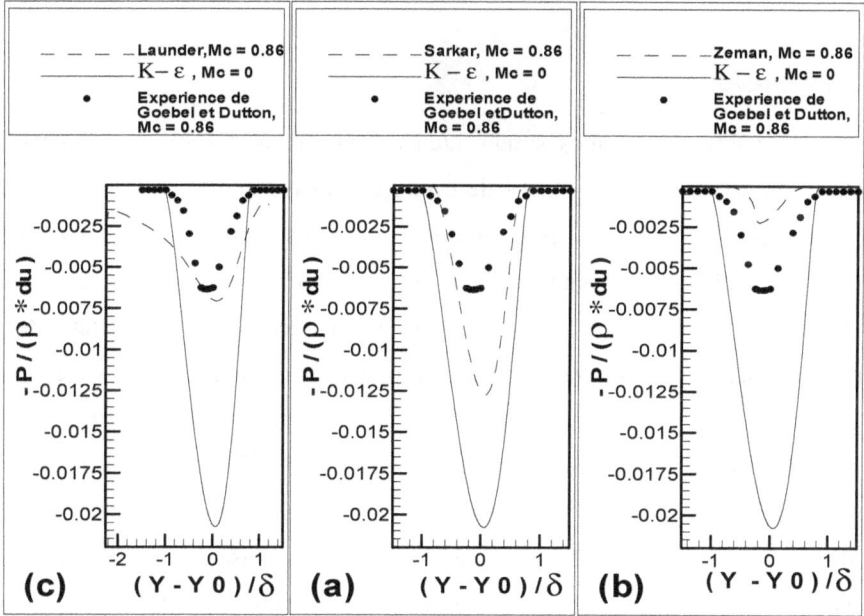

Figure 12 : évolution spatiale de P^* pour $M_c = 0.86$, $M_c = 0$

Sur les figures (12-a), (12-b) et (12-c), nous avons tracé la variation de la production pour $M_c = 0$ et $M_c = 0.86$. Ces figures montrent que la production turbulente est fortement inhibée en présence de la compressibilité. Ces résultats semblent être conformes à l'expérience et rejoignent les analyses présentées dans la littérature, qui visent le niveau élevé des effets de la compressibilité sur le terme de production.

44

IV. Conclusion

Dans ce chapitre, nous avons simulé numériquement une turbulence inhomogène évoluant en présence d'une couche de mélange compressible à l'aide d'un modèle $k - \varepsilon$ linéaire. Dans le cadre de cette simulation, nous avons retenu trois modèles exprimant les effets de la compressibilité. Les solutions obtenues montrent que ces modèles sont capables de reproduire via un modèle $k - \varepsilon$ les effets de la compressibilité sur l'évolution spatiale d'une couche de mélange compressible.

Par comparaison aux résultats expérimentaux de Goebel et Dutton, les résultats issus des modèles de Sarkar et al sont relativement acceptables par rapport à ceux des modèles de Zeman et Launder. Ces résultats nous conduisent aussi à penser que l'amélioration des modèles proposés pour les termes de dilatation suffit pour décrire les écoulements turbulents compressibles dans des configurations, où l'anisotropie est faible.

Conclusion Générale

Ce travail s'inscrit dans le cadre d'un thème de recherche concernant l'étude des effets induits par la compressibilité sur l'évolution de la turbulence. L'objet principal de ce mémoire est d'évaluer les modèles proposés pour les termes indicateurs de compressibilité ($\overline{p'd'}, \varepsilon_c$) et la correction proposée par Launder et al. via un modèle $k - \varepsilon$ linéaire.

Dans ce travail nous avons commencé par présenter les équations générales relatives à une turbulence compressible. Par la suite, nous avons présenté une revue bibliographique sur les approches de fermeture au premier-ordre adoptées dans la littérature pour les écoulements turbulents compressibles.

Enfin, nous avons simulé numériquement une turbulence compressible accompagnée en première application d'un cisaillement uniforme et en deuxième application d'une couche de mélange à l'aide d'un modèle $k - \varepsilon$, incluant les modèles pour les termes de compressibilité proposés par Sarkar, Zeman et la correction de Launder et al. L'évaluation de ces modèles a été effectuée par comparaison aux résultats expérimentaux de Goebel et Dutton et aux résultats de la simulation numérique directe de Sarkar.

Les principales conclusions que nous avons retenu de ce travail, c'est que les résultats issus des modèles de Sarkar et al. Sont relativement satisfaisants dans les deux cas d'applications. Les modèles de Zeman ont donné des résultats plus acceptables dans le cas d'une turbulence homogène que dans celui d'une couche de mélange compressible. Les mêmes remarques sont observées aussi pour la correction proposée par Launder et al. mais cette fois-ci les résultats sont meilleurs dans le cas inhomogène. Ces résultats nous conduisent à penser qu'il n'existe pas un modèle de turbulence universel à recommander pour tous les écoulements turbulents. En effet chaque écoulement à des caractéristiques spécifiques dominantes et le modèle de turbulence choisi doit être potentiellement apte à le décrire correctement. Tel qu'il a été présenté dans le chapitre 2 et 3, les modèles exprimant les termes de compressibilité ont la capacité de reproduire, via une représentation de premier ordre, les effets induits par la compressibilité.

Par conséquent, l'amélioration de ces modèles dans le cadre d'un modèle $k - \varepsilon$ suffit pour décrire les écoulements turbulents où l'anisotropie est faible. Dans un modèle $k - \varepsilon$, la forme donnée aux contraintes de Reynolds ne permet pas d'appréhender les phénomènes anisotropes de la turbulence, ce qui limite sévèrement la précision des résultats issus des modèles proposés pour $\overline{p'd'}$ et ε_c dans les zones où ces phénomènes deviennent prépondérants, d'où la nécessité d'une représentation algébrique pour les tensions de Reynolds qui tient compte de la contribution anisotrope.

REFERENCES

[1] S. Sarkar,'' The stabilizing effect of compressibility in turbulent shear flow '', Fluid Mech. vol. 282, p. 193-186 (1995).

[2] G. Erlebachar, M.Y. Hussaini, H. O. Kreiss and S. Sarkar,'' The analysis and simulation of compressible turbulence'', Theoret. Comput. Fluid Dyn (1990), vol. 2, p.73

[3] G.A. Blaisdel, N. N. Mansour and W.C. Reynolds,''Numerical simulations of compressible homogeneous turbulence'', Report TF – 50. Departement of Mechanical Engineering, Standford, California. (1991).

[4] Fujihiro Hamda,''Effets of the pressure fluctuation on turbulence growth compressible homogeneous shear flow'', Phys. Fluids. (1999), vol. 6, p. 1625.

[5] V. Adumitroaie, J. R. Ristorcelli and D. B. Taulbee,''Progress in Favre-Reynolds stress closures for compressible flows'', Phys. Fluids A. (1999), vol, p. 2696.

[6] H. Marzougui, H. Khlifi, and T. Lili,''Extension of Launder, Reece and Rodi model on compressible homogeneous shear flow'', Eur. Phys. J. B 45, (2005), p. 147-154.

[7] H. Marzougui, H. Khlifi, and T. Lili,''AN explicit algebraic Reynolds stress model for compressible turbulent flows'', Phys. Chem. News 19, (2004), p. 21-29.

[8] S. G. Goebel and Dutton, J. C.,''Experimental study of compressible turbulent Mixing layers'', AIAA J. Journal, vol. 29, p. 538. (1991).

[9] H. Schlichting. Boundary – Layer Theory. McGraw – Hill, seventh edition, 1979.

[10] A. Favre,''Equations des gaz turbulents compressibles, Méthodes des vitesses moyennes : méthode des vitesses macroscopiques pondérées par la masse volumique'', J. Mech. (1965), vol. 4, p. 390

[11] C. G. Speziale and S. Sarkar, Second-order Closure Models for Supersonic Turbulent Flows, AIAA Paper No. 91- 0217 (1991).

[12] H. Ha Minh, D. Vandromme,''Compressibility Effects on Turbulence in High Speed Flows'', in Proc. Summer Workshop Theory and Modelling of turbulent Flow, E. C. Lyon, France, (1989).

[13] M. W. Rubesin,''Extra Compressibility Terms for Favre-Averaged Two-Equation Models of Inhomogeneous Turbulent Flows''. Technical Report Cont. Rep. 177556, NASA, (1990).

[14]   A. M. El – Baz and B. E. Launder,''Second - moment modelling of compressible mixing layers In W. Rodi and F. Martinelli'', Engineering Turbulence Modelling and Experiments. Vol 2, p. 63 - 72 (1993).

[15]   Y. S. Chen and S.W. Kim,"Computation of Turbulent Flows Using an Extended k-ε Turbulence Closure Model". NASA CR - 179204, (1987).

[16]   William W. Liou and Tsan-Hsing-Shih,"A Multiple-Scale Model for Compressible Turbulent Flows". NASA 106072, (1993)

[17]   S. Sarkar,"The Pressure-Dilatation Correlation in Compressible Flows", phys. Fluids. A 4, 2674 - 2682 (1992) .

[18]   S. Sarkar, G. Erlebacher, M. Y. Hussaini and H. O. Kreiss,"The analysis and Modeling of Dilatational Terms in Compressible Turbulence", J. Fluid Mech. vol 227. p. 473 - 493 (1991).

[19]   O.Zeman,"Dilatational Dissipation: the Concept and Application in Modelling Compressible Mixing Layers", Phys. Fluids A 2, p 178 - 188 (1990).

[20]   O. Zeman,"Toward a Constitutive Relation in Compressible Turbulence, in Studies in Turbulence", pp. 285 - 296, (T.B. Gatski, S. Sarkar and C. G. Speziale, eds), Springer-Verlag (1992).

[21]   J. P. Dussauge and J. Gaviglio,"The Rapid Expansion of a Supersonic Turbulent Flow: Role of Bulk Dilatation", J. Fluid Mech. 174, 81 – 112 (1987).

[22]   H.   Khlifi.,"Modélisation et simulation numérique d'une turbulence compressible, application à une turbulence homogène cisaillée et à une couche de mélange compressible", thèse, Faculté des sciences de Tunis. (2001).

50

www.ingramcontent.com/pod-product-compliance
Lightning Source LLC
Chambersburg PA
CBHW020317220326
41598CB00017BA/1591